도시공간에서
녹색을 읽다

Reads a green from city space

도시공간에서
녹색을 읽다

글 · 사진 윤성은

이담
Books

■책어리에

지구 온난화와 환경오염으로 인한 문제들에 대한 이슈들은 국가, 인종, 남녀노소를 초월하여 인류역사 이래 유래 없이 모두가 공감하는 화두가 되었으며, 우리나라에서도 매일 환경문제에 대한 심각성과 이를 극복하고 쾌적한 도시를 만들기 위한 노력에 대한 이야기가 나오고 있다. 특히, 현대인의 90%는 도시에 살고 있으며 대부분의 시간을 자연과 격리된 밀폐된 콘크리트 공간에서 보내고 있다고 한다. 이러한 시대에 인간·자연·문화·환경의 공존체계라는 시각에서 '친환경 녹색 공간'은 현재의 도시상황을 극복하고, 도시 안에 새로운 생명을 불러들여, 쾌적한 녹지 공간을 창출하며 지속적으로 유지 가능한 도시를 만들어 줄 수 있는 하나의 대안으로 대두되고 있다. 녹색 식물에 의해 연출된 쾌적한 환경은 도시민의 정서와 창의성을 자극하고 정신을 보다 풍부하게 하는 역할을 하여 도시민의 삶의 질을 높여 준다. 이는 단지 식물을 통한 개별적인 디자인의 시각적인 문제를 벗어나 우리가 살고 있는 도시 전체를 구성하는 하나의 구성요소로 다양한 문화를 만들어 내는 공간으로서 도시민들의 삶의 가치와 생활환경에 다양한 영향을 미친다. 이 책은 이러한 의미에서 우리가 매일 접하고 있는 도시라는 공간에 다양한 식물들이 어떠한 방법으로 연출되고 있으며, 우리는 어떻게 그러한 녹색 공간을 읽고 있는지에 대한 탐색에서 출발하였다. 도시의 외부 공간 및 실내 공간에 식물이 연출된 다양한 국내외 사례를 통해 도시 공간에 있어 녹색 공간을 연출하는 방법에 대한 전반적인 이해를 돕도록 본 책은 구성되었다.

　이를 통하여 쾌적한 도시 환경을 위해 녹색 공간의 중요성에 대한 공감대를 형성하고, 단순하게 식물을 가져다 놓는 것이 아니라 공간에서 식물 연출에 대한 새로운 연출방법과 디자인이 개발되는 데 보탬이 되었으면 하는 바람이 있다. 도심 속 연출된 다양한 녹색 공간은 도시민들과 함께 호흡하며 생동감 넘치는 도시 내의 우리가 숨 쉴 수 있는 공간으로서의 충실한 역할을 통해 쾌적한 환경을 요구하는 도시민들의 요구를 충족시켜 줄 수 있는 공간으로 존재 가치를 더욱 크게 하는 역할로 발전되어 나가길 기대한다.

　항상 나의 가는 길을 예비해 주시고, 내 삶을 이끌어 주시는 하나님께 감사를 드립니다. 이 책의 집필과 출판은 많은 분들의 도움의 결실입니다. 언제나 많은 배려와 든든한 지원 그리고 아낌없는 사랑과 격려를 통해 든든한 힘이 되어 준 사랑하는 남편, 그리고 항상 곁에서 힘이 되어 준 가족들에게 고마운 마음을 전합니다. 또한 이 책 출판에 많은 조언과 도움을 주신 장정은 선생님께도 고마움을 전합니다. 이 책을 출판할 수 있도록 도와주신 한국학술정보(주) 출판사업부와 출판하는 과정에서 좋은 책을 만들기 위해 노력해 주신 권성용 씨, 디자이너 김은정 대리님, 장보련 씨께 감사의 마음을 전합니다.

2011년 1월
윤성은

■ 목차

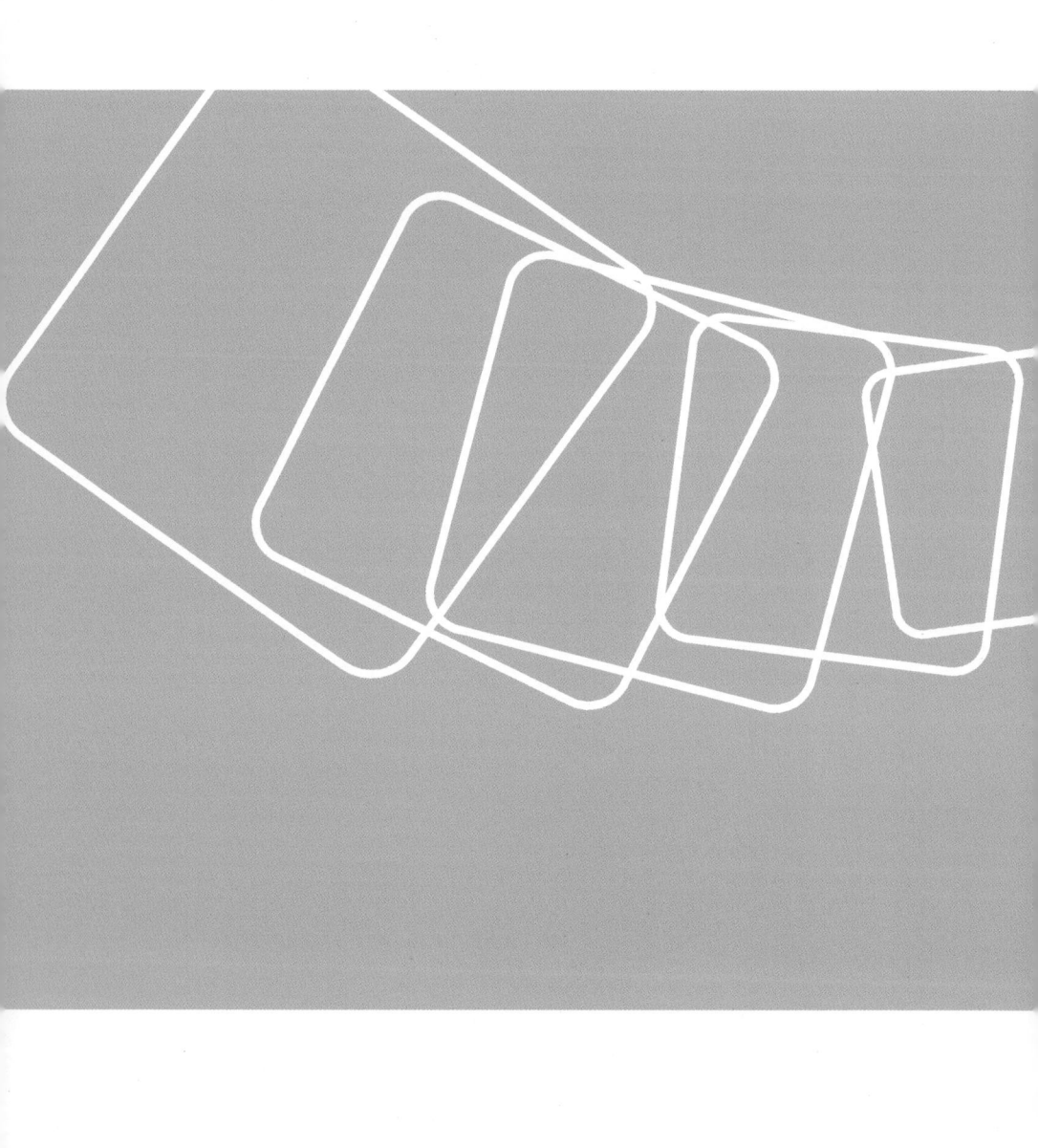

PART 1.
친환경 건축
_ 도시를 살리다

전 세계적으로 환경에 대한 인식이 높아지면서, 도시 내의 지속가능한 개발에 대한 관심이 집중되고 있다. 이러한 관심은 우리가 살고 있는 공간에 친환경 이라는 주제를 가지고 다양한 방법으로 녹색도시를 조성 하고자 하는 움직임에 많은 영향을 주고 있다. 우리나라는 인구의 90%가 도시에 살고 있다고 한다. 도시를 친환경적인 녹색도시로 조성한다는 것은 국민의 90%가 넘는 도시민들의 환경에 대한 욕구를 충족시켜 우리가 살고 있는 도시에 대한 삶의 만족도를 높일 수 있는 방법이다. 우리가 살고 있는 도시는 대부분의 인공적인 것들로 만들어져 있고, 그것들에서 쉴 사이 없이 만들어 내는 각종 유해물질들은 더 이상 도시에 사는 우리들이 저항 할 수 있는 대상이 아니라 우리도 모르는 사이에 그것들에 순응되어져가고 있다. 이러한 도시에, 공기, 물, 햇빛 등 자연과 소통하는 건축들이 인공적인 환경에서 생명력을 잃은 도시의 치유를 위한 '친환경', '녹색' 이라는 테마로 우리가 살고 있는 이 도시와 일상에서 빼놓을 수 없는 화두가 되고 있다.

1. 오가닉 빌딩(Organic Building in Osaka)

자연과 일체화 한다는 개념의 오가닉 빌딩은 건물 외관에 공기정화식물들을 식재할 수 있도록 입면을 디자인하여, 오사카의 랜드마크가 된 건물이다. 오가닉 빌딩의 완공년도 1993년으로, 친환경이라는 개념이 대중화되지 않았던 시기에 벌써 이러한 건축물을 디자인한 건축주와 디자이너(가에타노 페체$^{Gaetano\ Pesce}$)의 미래에 대한 대단한 예측력을 발견 할 수 있는 빌딩이다. 이 빌딩은 자동관수장치시스템에 의한 물 공급으로 관리되는 132개의 화분이 인공의 건물 외관을 장식하고 있다. 각각의 132개의 화분에는 132개의 각기 다른 공기정화 식물들이 심어져 있다. 오사카 도시 한복판에 있는 오가는 빌딩은 열반사를 완화하여 열섬현상을 낮춰주는 역할을 하고 있다. 또한, 건물내부에서 사용한 물을 1차적으로 자체 정화해서 외부 식물에 관수하도록 시스템이 설계되어 있어 단지 건물 외관에 식물을 식재해서 친환경을 표방하는 것이 아 니라, 버려진 물을 재사용하여 식물을 유지, 관리하고 있는 진정한 친환경 건축물이다.

2. 아크로스퀘어
(Acros^(Asian Crossroads Over the sea) in Fukuoka)

일본 후쿠오카의 번화가 중 한 곳인 텐진, 텐진중앙공원
맞은편에는 식물과 나무가 우거진 작은 숲 하나가
서 있다. 계단식 건물에 층층이 녹음이 푸른
'아크로스후쿠오카' 빌딩이다. 1995년에 완공된 이
건축물은 미국 건축가 에밀리오암바즈^{Emilio Ambasz}의
디자인으로 지상 14층과 지하 4층으로 구성되어
있으며, 국제회의장·쇼핑센터·사무시설 등의
복합 시설물이다. 건물 외관을 스텝가든^{step garden}으로
조성하여 건물 자체가 텐진중앙공원과 자연스럽게
연결되도록 만든 '녹색' 빌딩이다. 스텝가든은
텐진중앙공원의 녹지를 건축물과 계단식으로 연결하여
도심 속에 하나의 숲을 조성하였으며, 인공물로
과밀화된 도시에서 자연을 제공함으로 식물과 생물의
서식 공간을 확보해 주고 열섬현상을 완화시켜 줄 뿐만
아니라 건축물의 냉난방에 소비되는 에너지를 절감해
주는 친환경적인 건축물이다. 스텝가든에는 809개
계단이 있는데, 계단과 계단 사이사이에는 산책로와
물이 있는 수공간, 시민들이 쉴 수 있는 벤치 등이
설치되어 시민 누구나 이용할 수 있도록 개방되어
있다. 스텝가든의 식물들은 빗물과 건물 내에서 한 번
사용되어 정화한 물을 사용한다. 도시에 있어 빌딩은
필수적이지만, 인공적인 빌딩 숲에서 빌딩 고유의
기능을 유지하면서도 빌딩 그 자체로 쾌적한 도시를
만드는 방법을 보여 주는 건축물이다.

3. 캐널시티(Canal City in Fukuoka)

캐널시티는 후쿠오카 시 중심에 있는 하카타 강변에 위치하고 있다. 도시 속의 또 하나의 도시를 만든다는 개념으로 도시의 극장^{Urban Teather}이라는 콘셉트로 디자인되었는데 이는 캐널시티 전체를 극장으로 보고 이곳을 방문하는 방문객들을 극장의 연출자 겸 관람객으로 설정한다는 의미를 가지고 있다. '캐널시티'는 복합시설로 쇼핑몰, 레스토랑, 영화관, 호텔, 업무시설 등으로 구성되어 있다. '캐널시티'라는 이름이 유래한 길이 180m의 인공운하가 약 3만 5,000㎡의 넓은 부지 중앙부를 남북으로 흐르고, 각 공간과 시설은 빛·바람·비 등 자연환경을 적극적으로 수용해 자연친화적으로 꾸몄으며, 수변공간에는 벤치 등 휴식공간이 조성되었다. 특히, 캐널시티를 구성하고 있는 건축물들의 외관을 덩굴식물 등을 사용한 수직정원으로 조성하여, 건조한 도시 내에 숲과 물이 공존하는 도시 속의 자연을 도시민들에게 제공하고 있다.

4. 유메부타이(Yumebutai in Awaji Island)

오사카 만이 내려다보이는 아와지 섬(淡路島)의 산기슭에 위치한 유메부타이는 안도다다오가 설계한 종합휴양지이다. 30만 평의 대지 위에 국제회의장, 호텔, 식물원, 야외극장 등으로 구성되어 있다. 유메부타이는 간사이 공항의 토사 채취지였던 아와지시마 섬의 재생을 위한 프로젝트로 조성되었다. 유메부타이의 가장 유명한 공간인 백단원은 국화가 심어진 100개의 화단으로 디자인되었다. '백단원'은 안도다다오가 유메부타이 설계를 시작하고 난 후 고베에서 대지진이 일어나자, 그들을 추모하기 위해 백단원을 만들었다. 경사지에 놓인 정사각형의 100개 화단에는 세계 각국의 다양한 국화과 식물이 심어져 있다. 백단원은 지진의 희생이자 약 6,000명의 이름이 새겨져 백단원 전체가 그들을 위한 헌화단상으로 그리고 계단 옆으로 흐르는 물과 함께 화단 전체가 고베지진을 추모하는 하나의 기념비적인 역할을 수행한다.

5. 난바 파크(Namba Parks in Osaka)

난바 파크는 1989년 오사카에 새로운 돔 구장의 건설로 오사카의 번화가인 미나미 지구에 야구장이 자리했던 곳에 도심상업지구의 활성화를 위한 개발 프로젝트로 진행된 건축물이다. 난바 파크는 쇼핑몰, 극장, 음식점, 업무시설 등이 어우러진 복합문화공간이다. 이러한 난바 파크가 일본을 대표하는 친환경 건축물의 아이콘이 된 것은 '녹색과의 공존'을 콘셉트로 건축물 내·외부를 녹화하였기 때문이다. 특히, 난바 파크의 대규모 옥상녹화작업은 한 해 2,900만 명의 방문객이 다녀갈 정도로 난바 파크를 오사카의 명소로 만들어 주었다. 옥상녹화와 건물 외관의 다양한 녹화방법을 통해 난바 파크는 건물 외피의 온도를 낮추었으며, 건물 실내의 온도가 상대적으로 낮아져 과거보다 에어컨 가동이 줄어 전기 및 가스 사용료를 연간 450만 엔가량 줄였다고 난바 파크 관계자가 언론 매체와 인터뷰하기도 했다. 난바 파크는 도시 번화가 빌딩 숲에 입지했던 야구장의 공공장소 특성을 살리며 건물 녹화를 통해 도심 내 대규모 친환경적 녹화 공간을 만들어 도심 속의 오아시스로 시민들에게 쾌적함을 선사하고 있다.

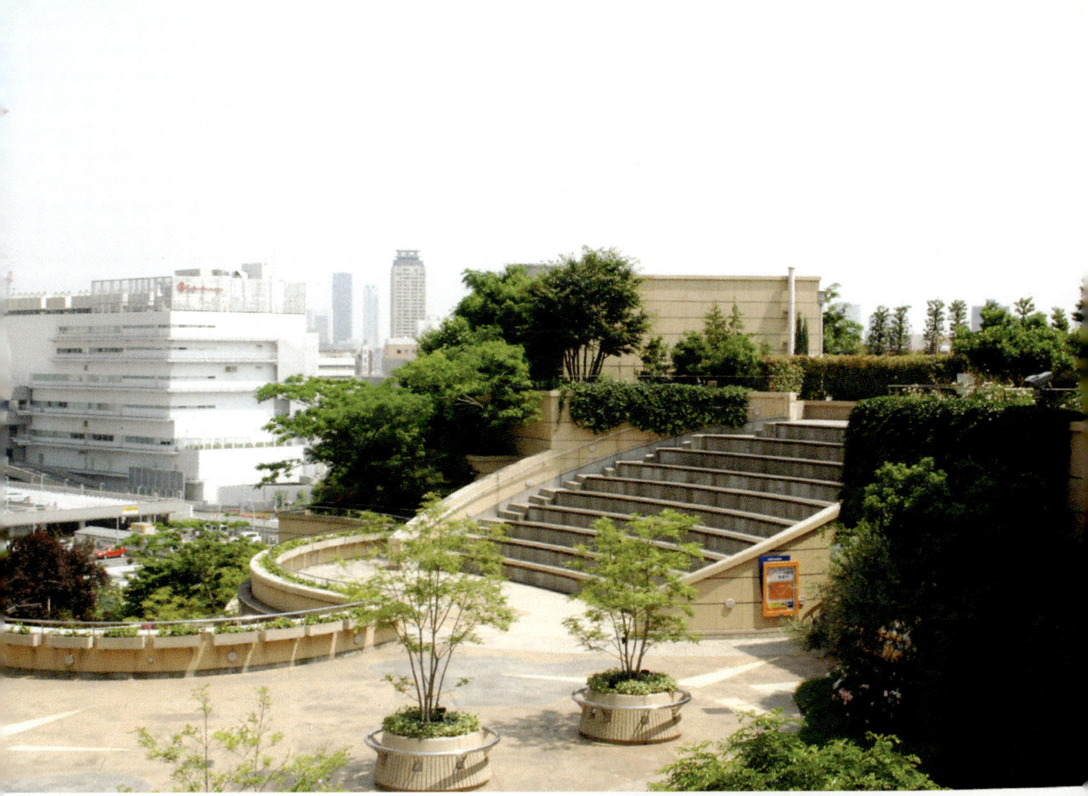

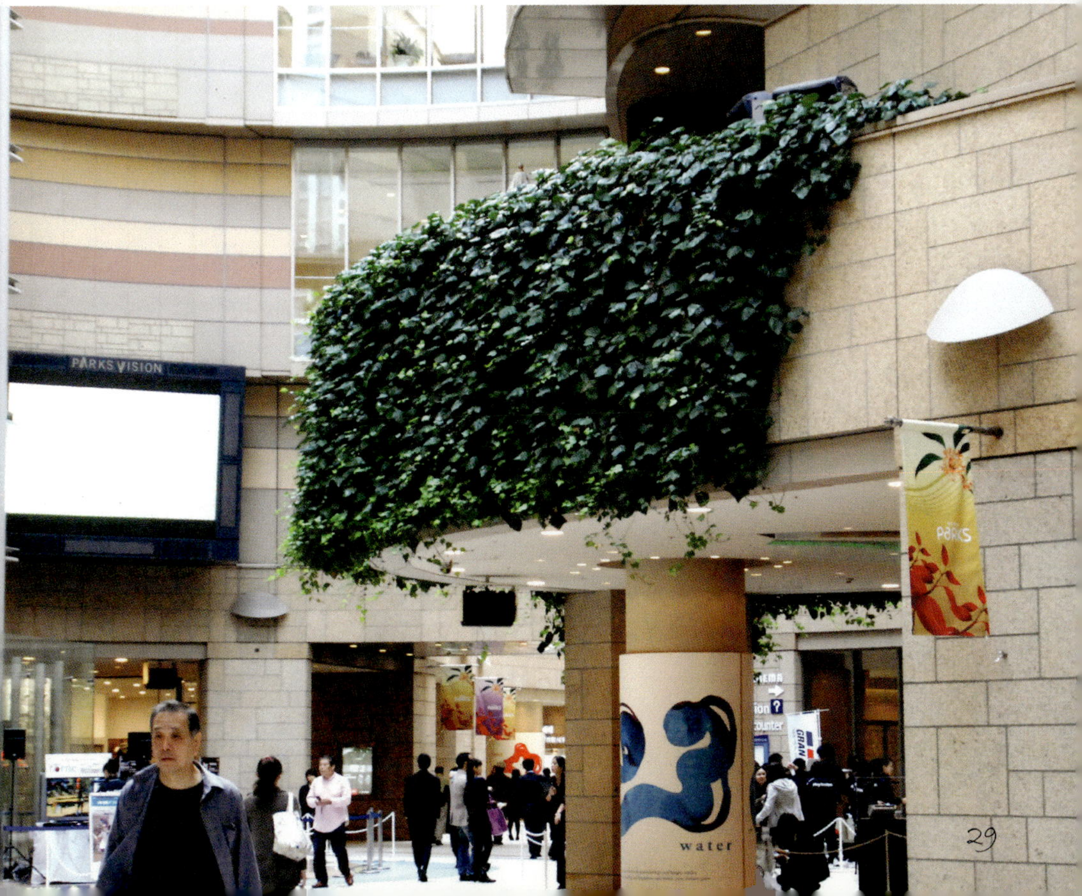
PARKS VISION
water

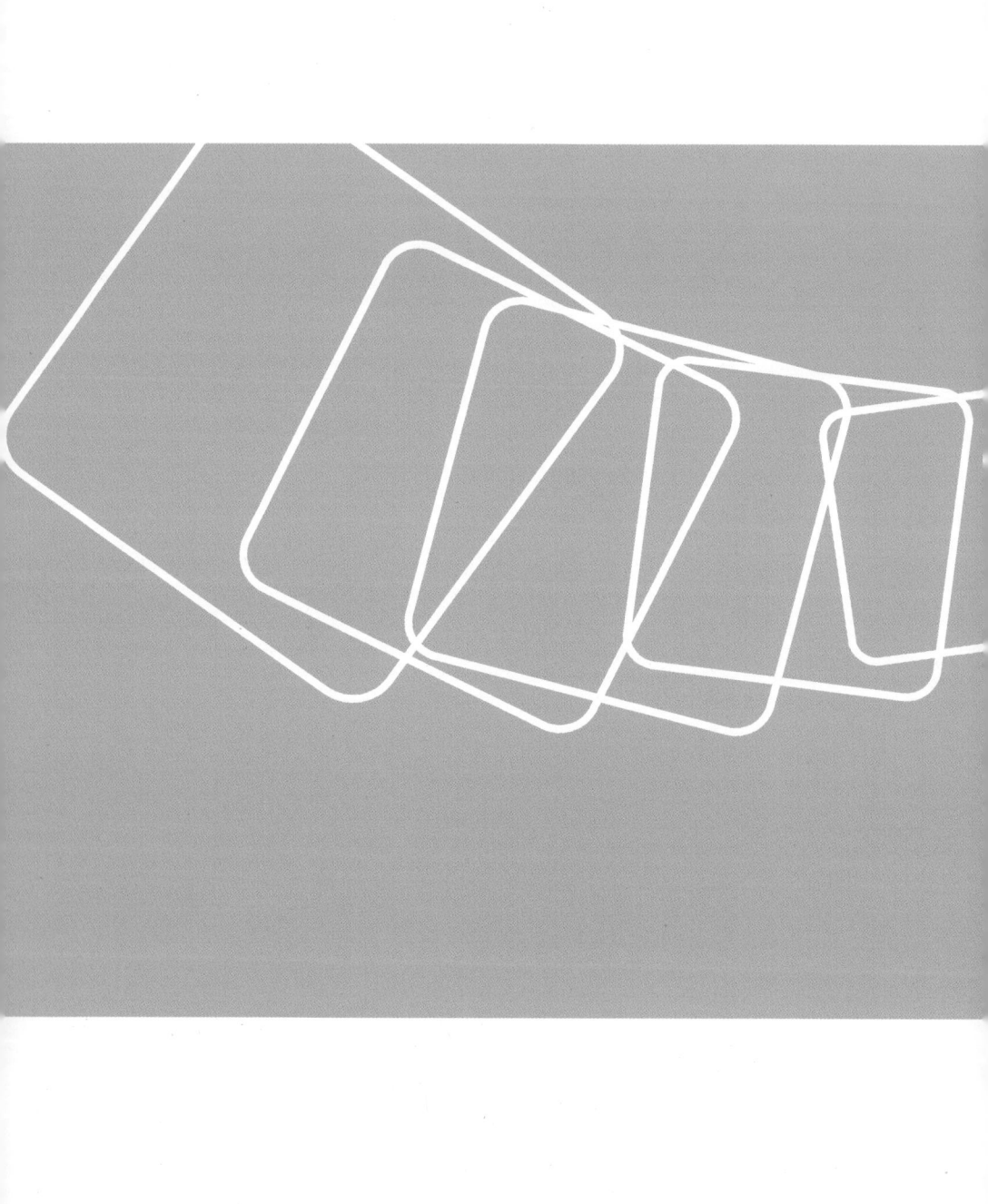

PART 2.

그린인테리어 *Green Interior*

_ 실내에서 듣는 녹음의 소리

현대인의 90%는 도시에 살고 있으며, 도시민의 하루 24시간 중 약 18시간 이상을 실내에서 보낸다고 한다. 우리는 밀폐된 콘크리트 공간에서 하루의 대부분을 보내고 있고, 이 또한 많은 사람들이 밀집된 상태에서 제한된 공기와 빛으로 버텨야 하는 인공의 공간에서 생활하고 있으므로 자연에 대한 접촉의 기회를 상실하고 있다. 콘크리트에 의해 밀폐된 공간이 자연과 인공으로 공간을 분리하여 실내와 실외를 다른 공간으로 인식하게 하였다면, 식물을 활용한 그린인테리어는, 실내·외는 하나의 공간이며 하나의 자연으로 인식하게 한다. 실내에 연출되는 식물을 통한 녹색 공간은 실내라는 환경의 특수성을 이해하여 그 속에서 인간과 식물 및 다른 인테리어 연출 요소들과의 상호관계 조정을 통해 실내·외의 분리가 아닌 실외 연장선상의 쾌적한 실내환경을, 실내 연장선상의 편안한 실외를 창출해야 한다.

대부분의 사람들은 자연적 요소, 친환경적 요소라 하면 대부분 식물을 떠올린다. 실내에 식물을 도입한다는 것은 단순하게 기능적으로 식물을 실내 안으로 가져다 놓는다는 개념을 넘어 공간과 그 공간을 이용하는 사람들과의 조화를 원칙으로 해야 한다.

우리는 자연을 떠나서는 살 수 없는 존재임에도 불구하고 하루의 대부분을 자연과 배제된 공간에서 보내고 있기 때문에 자연환경에 접하여 휴식을 취할 수 있는 공간을 제공하여 쾌적감을 증진시켜야 한다.

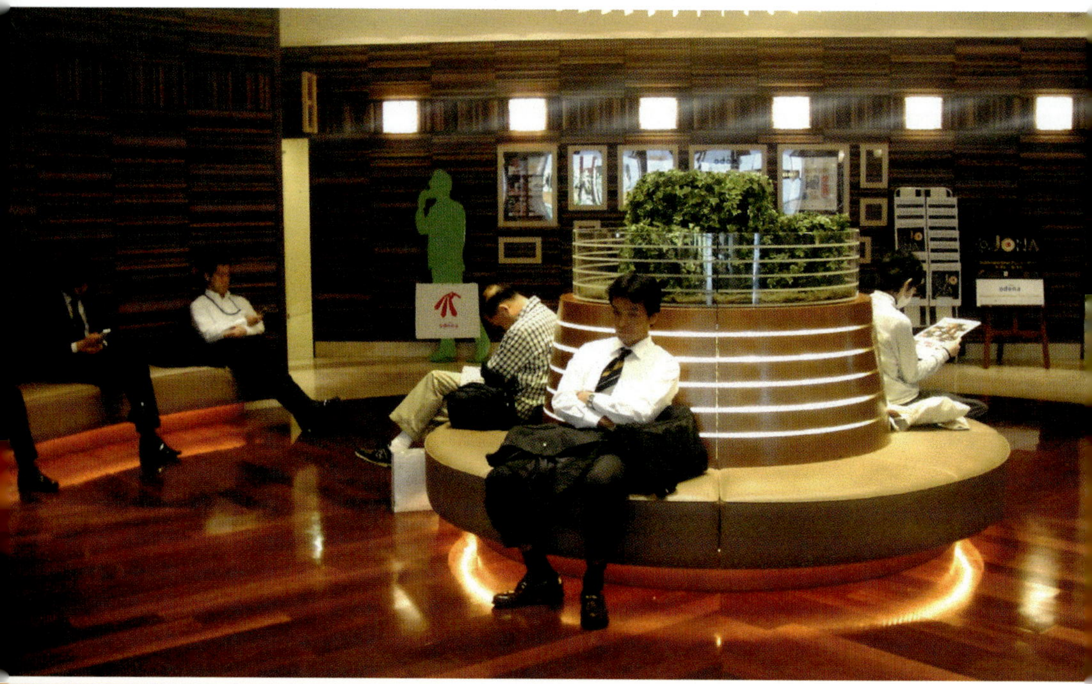

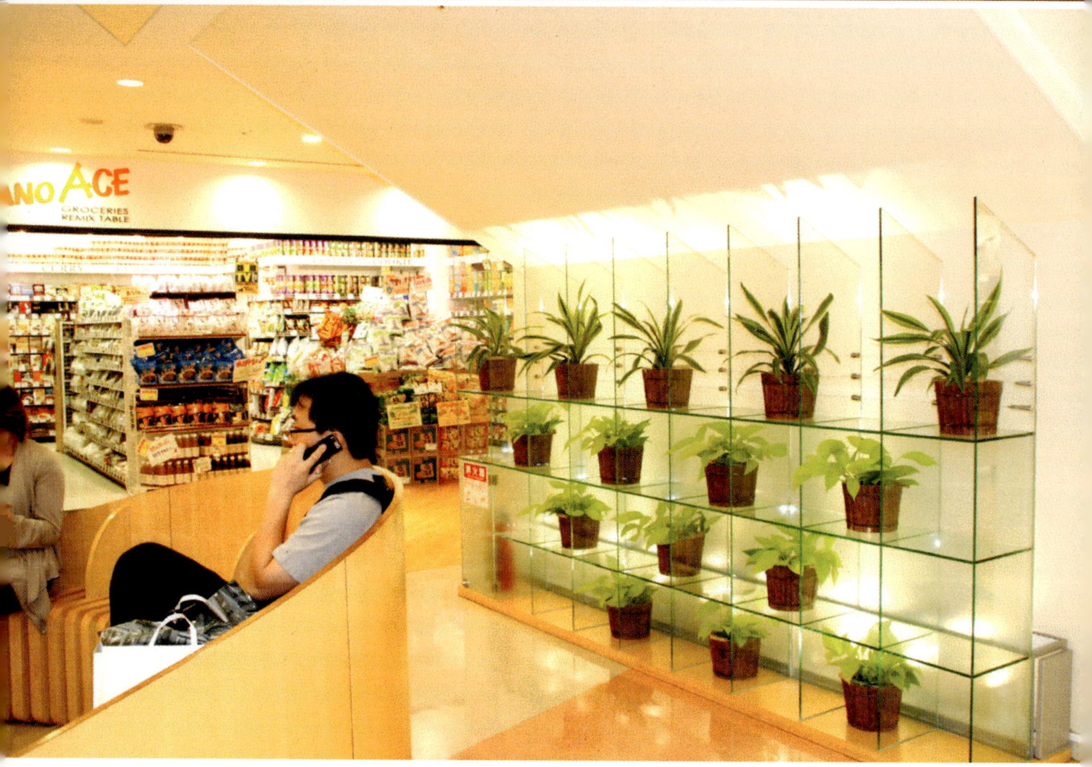
ACE
GROCERIES
REMIX TABLE

인간은 자연의 일부이고 또 이를 떠나서는 살 수 없다. 급속한 도시화로 인하여 인간은 도시의 빌딩 숲 내의 콘크리트 건물 안에서 아침을 시작하고 하루를 마무리한다. 이렇듯 현대인들의 생활은 이제 실외보다는 실내에서 대부분 보낸다. 이러한 생활환경의 변화로 자연스럽게 실내에 식물을 도입하고자 하는 욕구가 발생하게 되었다. 실내에 연출된 식물은 쾌적함과 시각적 아름다움을 만들어 주며, 일조량 · 실내온도 · 면적, 그리고 인테리어 등 실내의 모든 여건을 고려하여 설계 · 시공하는 '종합환경디자인'이다. 또한 식물의 실내 적용은 이러한 시각적인 아름다움뿐만 아니라 직접적인 자연요소와의 접촉으로 정신적인 피로를 줄여 주는 치료적인 기능을 하여 심신을 회복하는 데 도움을 주는 긍정적인 요소로 작용한다.

다양한 그린인테리어 및 실내조경 연출이 가능하게 된 배경 중의 하나로서 과학기술의 발달을 들 수 있다. 대형유리의 개발과 보급을 통하여 자연광선의 실내도입이 가능해지고, 건축설비 기술의 발달로 온도와 습도를 원하는 상태로 조절시켜 줄 수 있게 만들어 주었고, 인공토양의 개발로 건물에 미치는 하중을 해결할 수 있을 뿐만 아니라, 순화과정을 통하여 실내에 도입할 수 있는 식물 개발. 관수시설 개발과 같은 기술의 발달로 온대지방의 실외에서 가능하지 않은 식물인 열매나 아열대 원산인 식물을 실내에 도입하여 실외와 전혀 다른 분위기를 연출하는 것이 가능하게 되었기 때문이다.

실내에 녹화된 공간은 연중 일정하고 쾌적한 환경조건을 제공해 주기 때문에 옥외 녹화 공간과 비교하면 도시민들에게 더욱 효과적인 친환경 공간이 될 수 있다. 옥외 녹화 공간은 추운 온도와 적절하지 못한 채광에 의해 녹음을 즐기는 데 제한을 받게 되는 것과 비교하면 실내 녹화 공간은 이러한 환경적 제약을 덜 받기 때문에 도시민의 심리적 · 육체적 쾌적감을 증진할 수 있다.

지하공간이 발달한 현대 도시는 녹색식물이 주는 생동감과 신선함이 더욱 큰 효과를 나타낼 수 있는 공간이다. 지하의 환경은 식물성장에 많은 제약이 될 수 있으나, 다양한 설비(냉방, 난방, 통풍, 온도, 습도)기술의 발달로 계절에 관계없이 인간에게 쾌적한 환경조건을 제공해 줄 수 있다.

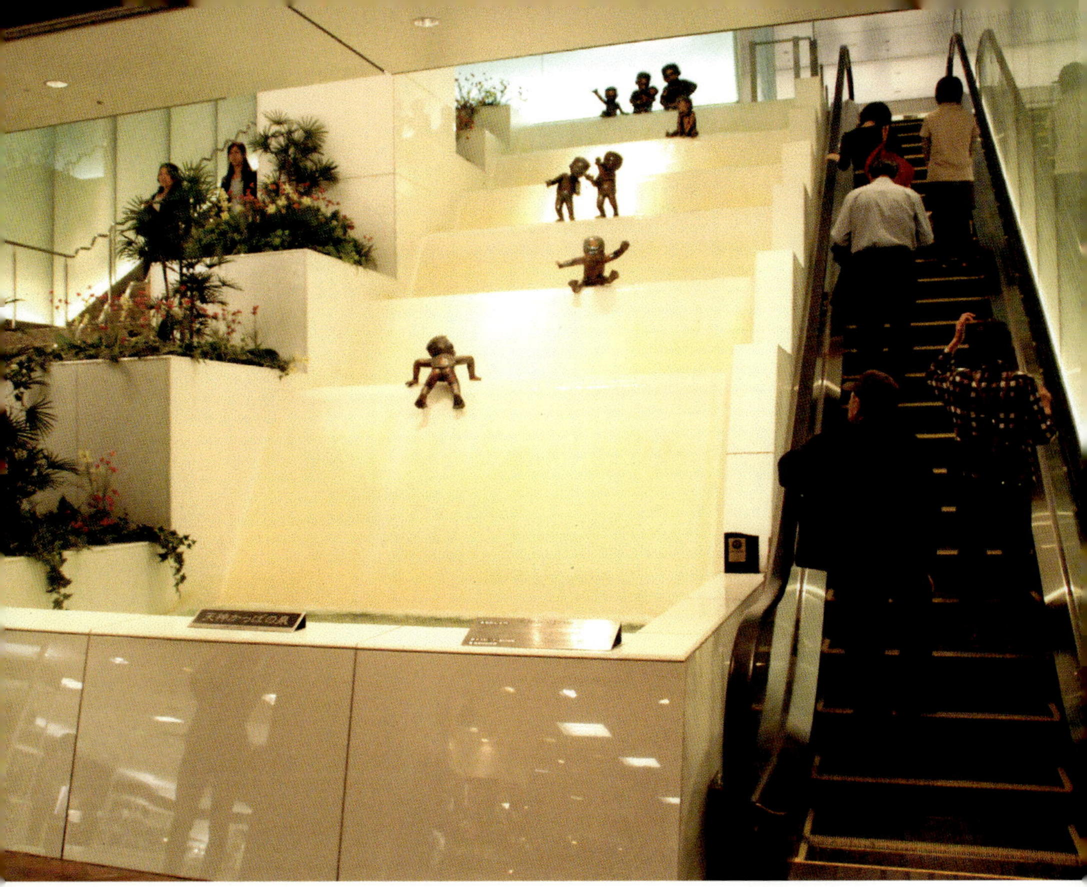

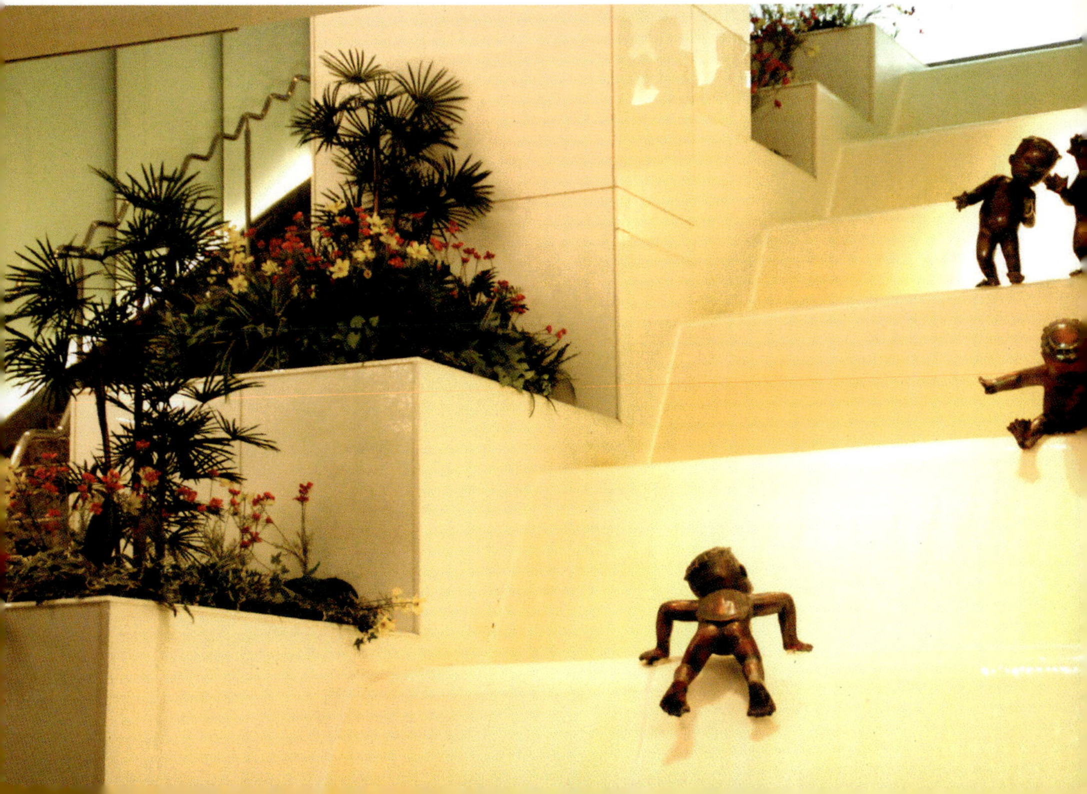

지하공간에 연출된 식물은 실내 오염물질 및 미세먼지를 정화하는 기능과 함께 습도조절 등의 역할을 해 주어 쾌적한 지하 상권 활성화에 기여할 수 있다.

실내에 식물 연출 시 다양한 모양과 크기의 화기들은 식물의 이동 및 교체 연출을 매우
편리하게 해 준다.

실내에 연출되는 식물은 다양한
방법의 오브제로 제작되어 공간에
새로운 표정을 만들어 준다.

절화를 사용하여 만든 크리스마스 장식용 리스

분식물을 사용하여 만든 실내 장식용 리스

51

실내에 연출된 녹색 공간은 고객들에게 자연의 편안함과
같은 숨 쉴 수 있는 쾌적한 공간을 제공하여 이용객들의
공간에 대한 만족도를 높여준다.

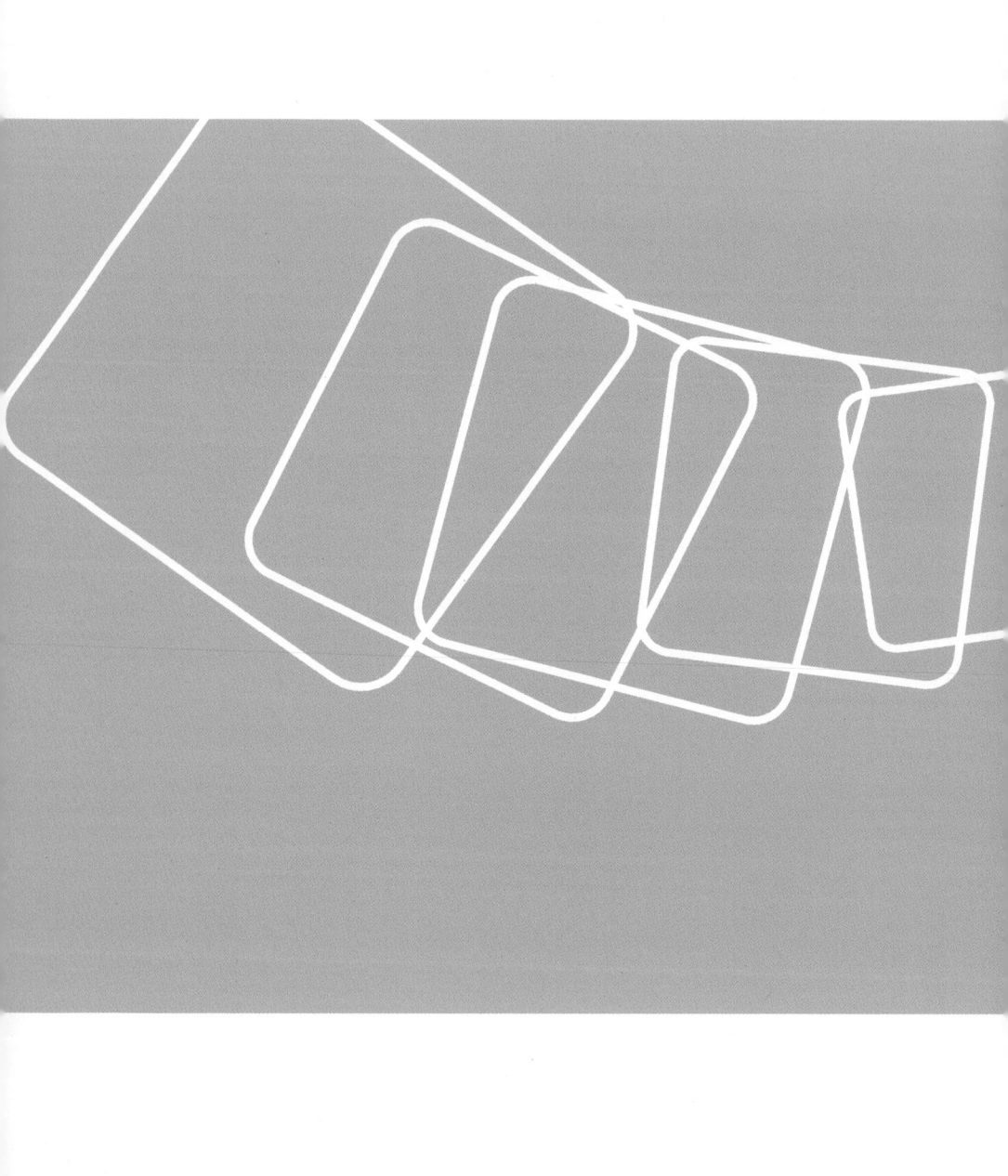

PART 3.

버티컬 월_Vertical Wall_

_ 24시간 살아 숨 쉬는 벽_wall_

메마른 도시환경 속에서 자연의 녹음을 형성해 주는 식물을 이용한 공간 연출은 단순히 환경문제 해결을 위한 방법론의 하나일 뿐 아니라 우리 삶을 풍부하게 해 주는 필수 조건이다. 환경디자인의 방법 중 식물을 활용하여 공간을 연출하는 다양한 방법이 있다. 그중, 공간에 어울리는 화분 및 화훼장식물을 가져다 놓거나 건물 주변에 나무를 심는 것에서 벗어나, 실내·외 공간의 수직적인 요소인 벽면을 하나의 정원으로 만드는 버티컬 가든 Vertical Garden 이 척박한 도시 속에서 24시간 쾌적하고 숨 쉬며 살아 있는 도시를 만들어 준다.

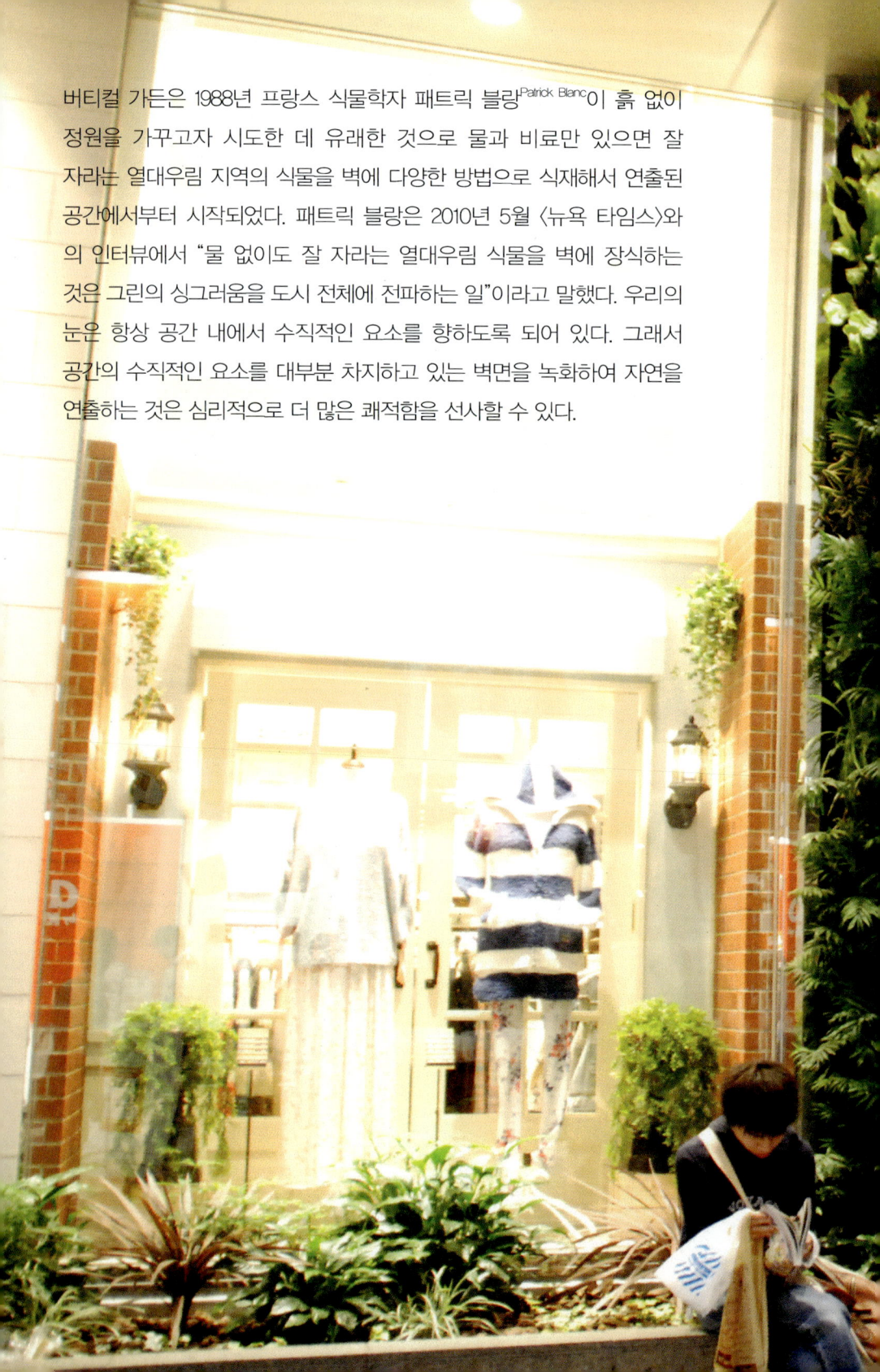

버티컬 가든은 1988년 프랑스 식물학자 패트릭 블랑^{Patrick Blanc}이 흙 없이 정원을 가꾸고자 시도한 데 유래한 것으로 물과 비료만 있으면 잘 자라는 열대우림 지역의 식물을 벽에 다양한 방법으로 식재해서 연출된 공간에서부터 시작되었다. 패트릭 블랑은 2010년 5월 〈뉴욕 타임스〉와의 인터뷰에서 "물 없이도 잘 자라는 열대우림 식물을 벽에 장식하는 것은 그린의 싱그러움을 도시 전체에 전파하는 일"이라고 말했다. 우리의 눈은 항상 공간 내에서 수직적인 요소를 향하도록 되어 있다. 그래서 공간의 수직적인 요소를 대부분 차지하고 있는 벽면을 녹화하여 자연을 연출하는 것은 심리적으로 더 많은 쾌적함을 선사할 수 있다.

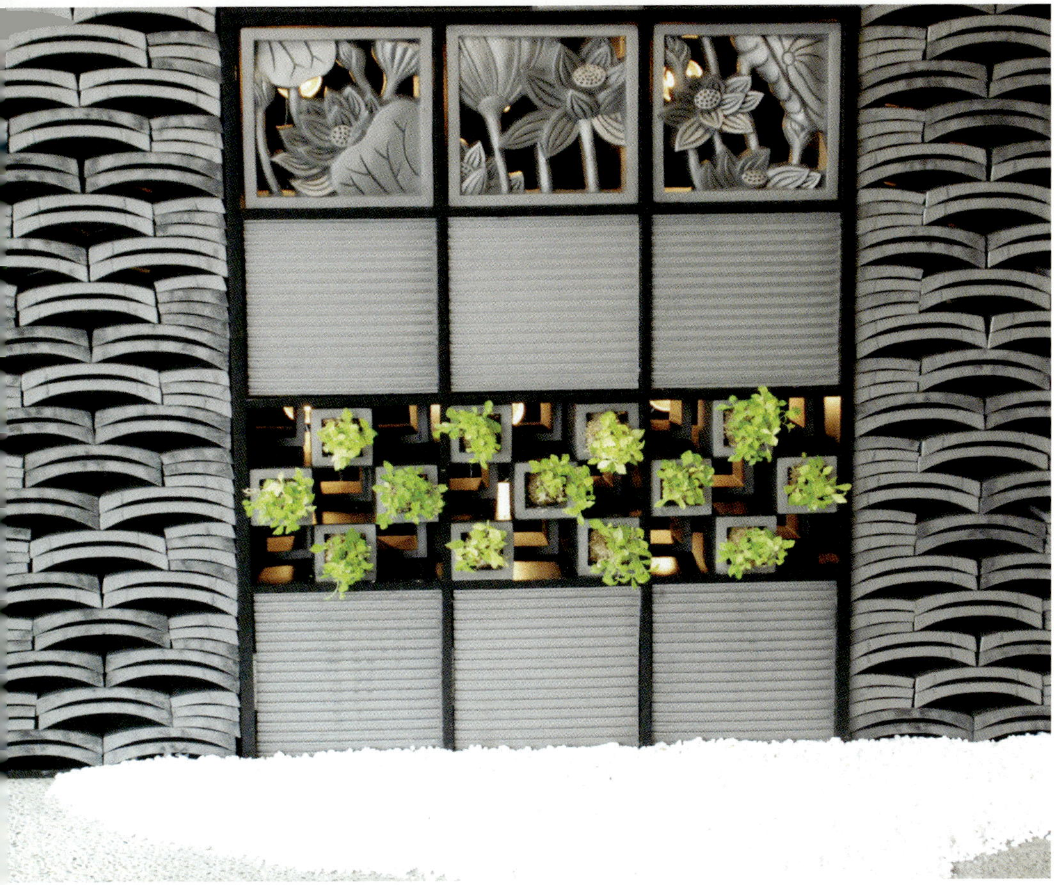

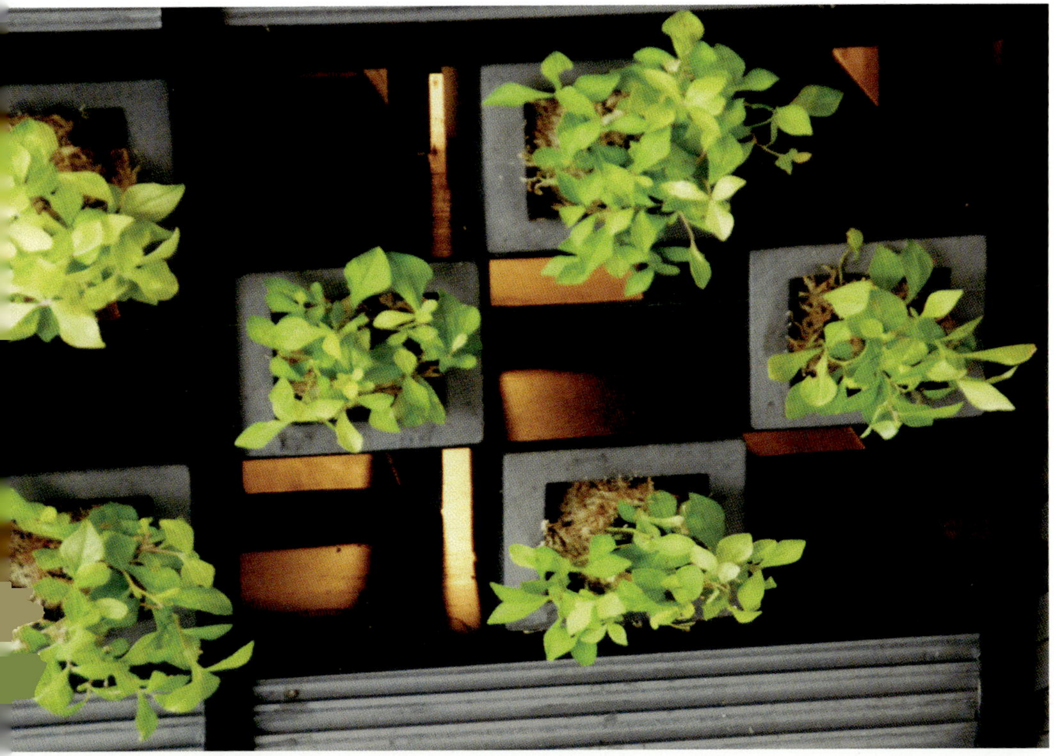

식물의 잎과 뿌리는
공기 중의 유해물질을
정화하는 작용을 한다.
버티컬 가든을 통해 실내의
공기정화능력을 극대화할
수 있다.

최근 가드닝의 대중화로 걸이용 바구니,
걸이용 화기 등을 통해 복잡한 시공기술
없이 간단하게 버티컬 가든을 조성할 수
있는 다양한 유닛^{unit}들이 많이 소개되고
있다.

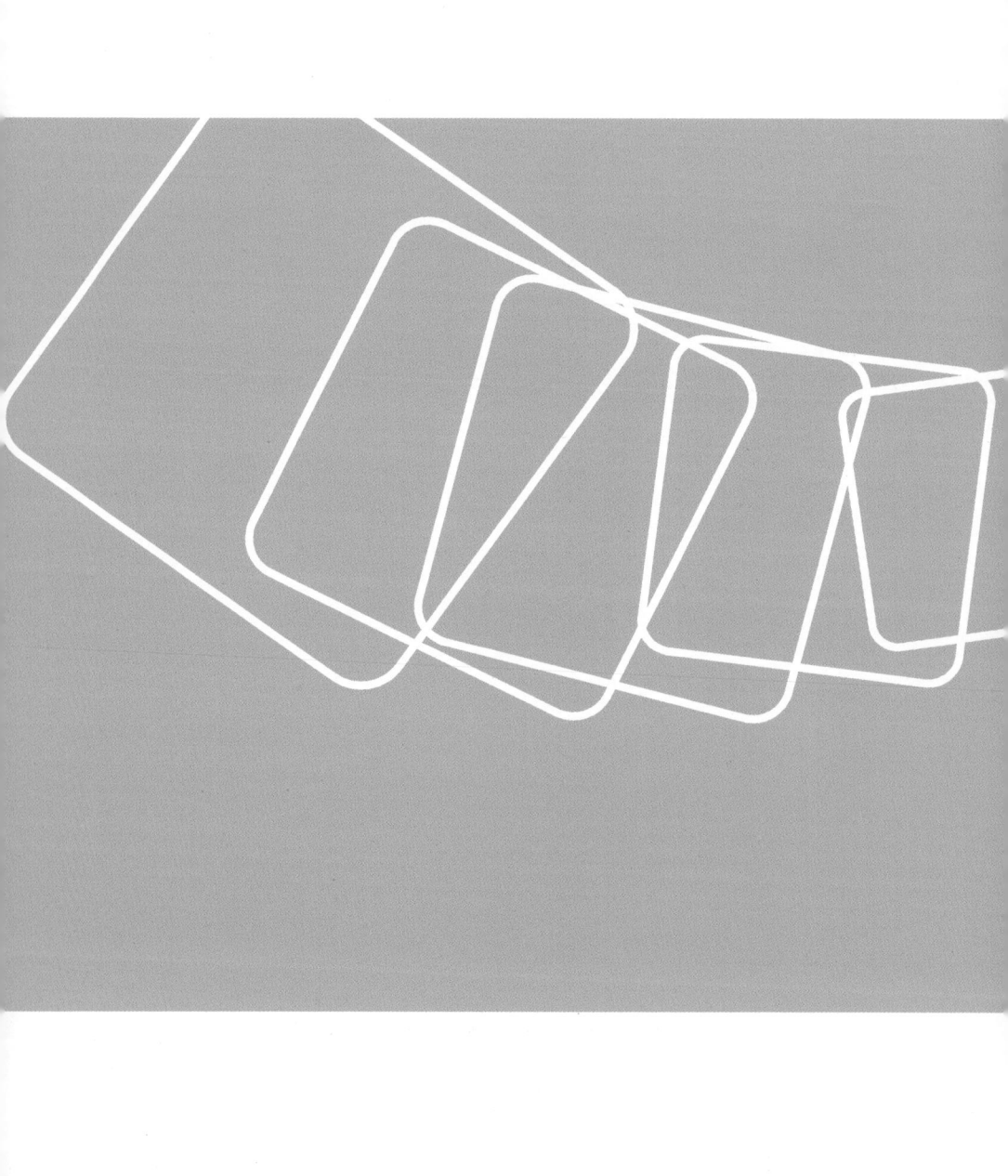

PART 4.

서울이 연출한 휴식 공간

_ 도시에서 즐기는 녹색의 여유

도시민들은 바쁜 생활 속에서 쉽게 찾을 수 있는 자연,
즉 일상적으로 만나고 체험할 수 있는 녹지에 대한
요구가 있다. 우리가 살고 있는 도시의 녹지 공간은
급격한 도시 성장과 집중 과정에서 양적으로 많이
훼손되었으며, 도시인구에 비해 녹지는 상대적으로
부족하다. 더군다나, 이러한 도시녹지 중에서도 상당
부분은 우리가 일상에서 만나는 도심 내의 공간이
아닌, 도시의 외곽에 위치하고 있어 실제 체감하는
녹지 환경은 매우 제한적이다. 이러한 환경하에 도시
내의 곳곳에 조성된 작은 공원들은 도시민들에게
정신적인 편안함을 주며, 기분 전환을 촉진하는 등
궁극적으로 우리 삶의 환경 쾌적성을 높여 준다.

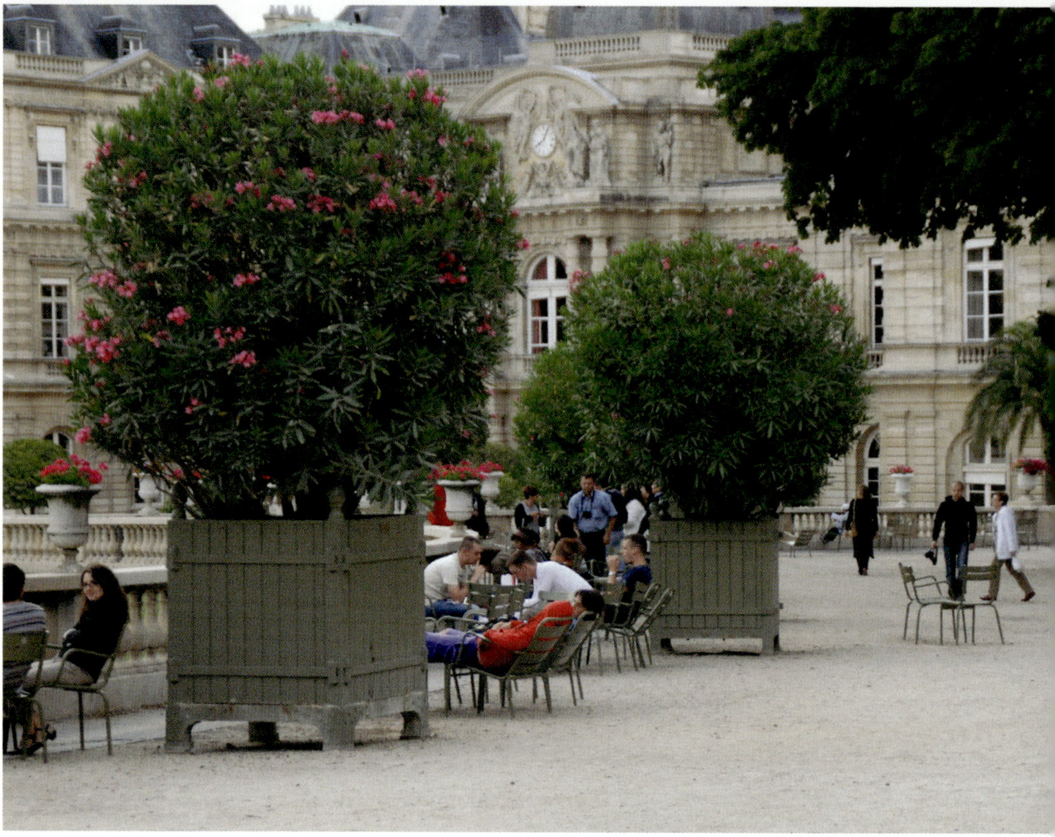

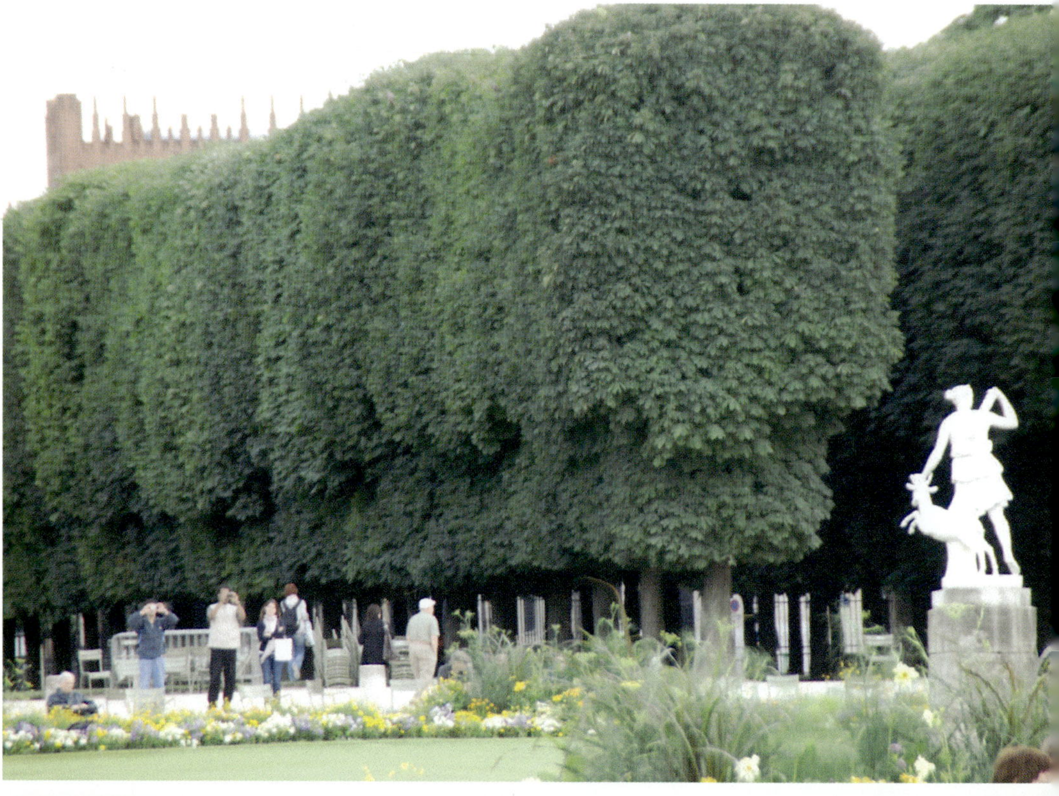

도시의 소공원은 사람들이 쉽게 접근할 수 있으며, 시간의 제약 없이 자유롭게 이용할 수 있는 열린 공간이다. 이러한 도시 내의 소공원은 도시민의 휴식을 위한 편안한 공간, 특별한 목적성 없이 자유롭게 이용하는 공간으로 도시민 모두가 시간 제약 없이 이용할 수 있는 오픈스페이스이다.

도시에 공원과 같은 녹지를 조성하면
주변 시가지보다 상대적으로 기온이
낮아져 부분적으로 하강기류가
발생하고 냉각된 공기가 주변 시가지로
흘러나와 도시의 기후 환경을 개선할 수
있다. 또한, 고온이 나타날 수 있는 도시
내 고밀도의 업무지역이나 상업지역
등과 같은 도심중심지에 공원과 같은
녹지가 조성되면 문화적인 측면에서뿐
아니라 냉각(cooling) 효과도 크다. 즉
도시녹지가 주변 기온을 감소시켜
열섬현상을 완화시키고 쾌적한 공기를
제공하므로 도시 주민환경의 질적
향상에 크게 기여할 수 있다.

도심 내 상업 공간 등에서도 다양한 디자인과 식물 도입 방법으로 쾌적한 환경을 조성하기 위한 많은 시도들이 있다.

도시 경쟁력을 결정하는 핵심 요소로서 어메니티의 개념을 많이 이야기한다. 어메니티는 물질적인 면은 물론 정신적인 면까지 포함한 생활환경의 종합적 쾌적성을 의미한다. 사람이 어떤 사물이나 환경에 대해 긍정적으로 느끼는 쾌적성을 말하는 것이다. 도시 어메니티는 자연, 건축물, 기후, 사회, 주민특성, 개인의 감성과 같은 다양한 요소가 관련된다. 사람들이 일상적으로 접하는 생활공간에서 편리함 · 아름다움 · 감성체험 등 쾌적함을 느끼고 싶어 하는 욕구가 증대하는 추세이며, 우리를 둘러싼 도시환경이 쾌적해야 창조성 · 생산성이 높아지고 그것을 통한 도시민의 삶의 질과 도시에 대한 이미지도 좋아진다고 볼 수 있다.

건축물에서 파사드 및 입구는 이용자의 눈에 처음 보이는 부분으로, 건축 공간에 대한 첫인상을 결정하며 이용자들에게 주의와 흥미를 유발하는 역할을 한다. 건물공간에 대한 이미지는 파사드에 반영되어야 하며 이는 환경적 자극이 이용자의 뇌 속에 인지되어 내점으로 이어지는 이용자의 행동과 상관성이 있는 것이다. 대부분의 건물들은 입구나 메인 로비에 식물을 연출함으로 이용객들에게 시각적인 쾌적감을 심어 주고, 자연스럽게 그 건축 공간에 대해 긍정적인 이미지로 인식하도록 하는 기능을 담당한다.

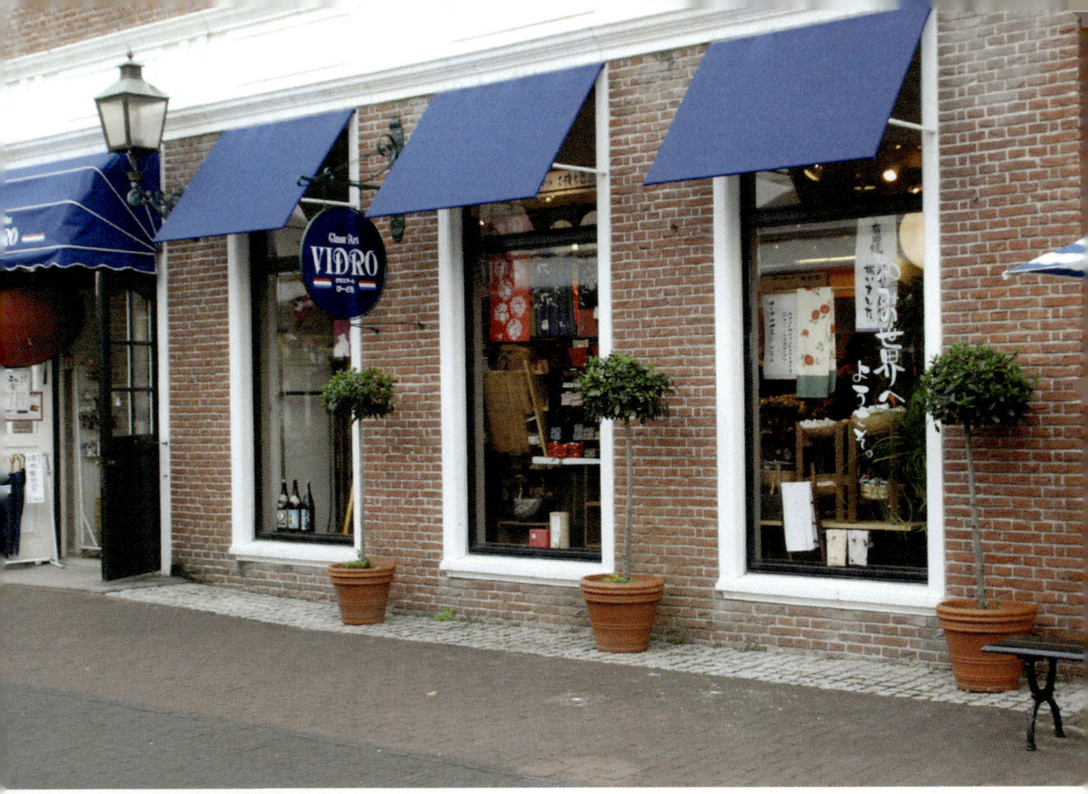
Glass Art
VIDRO

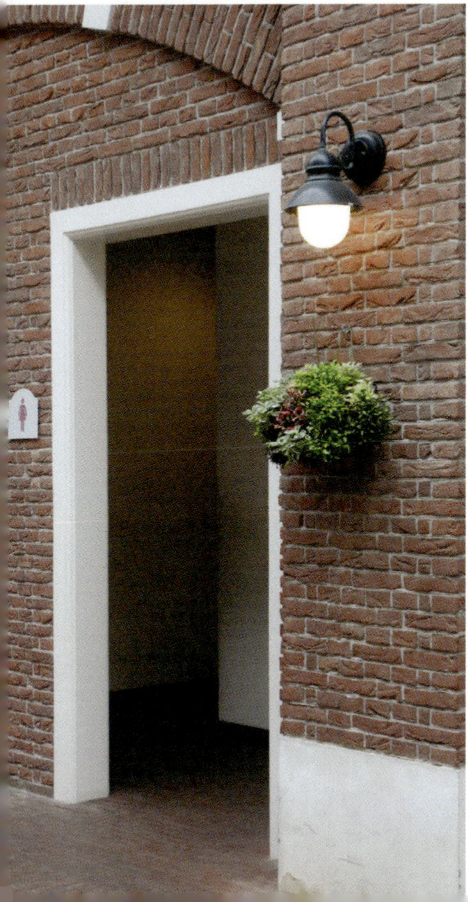

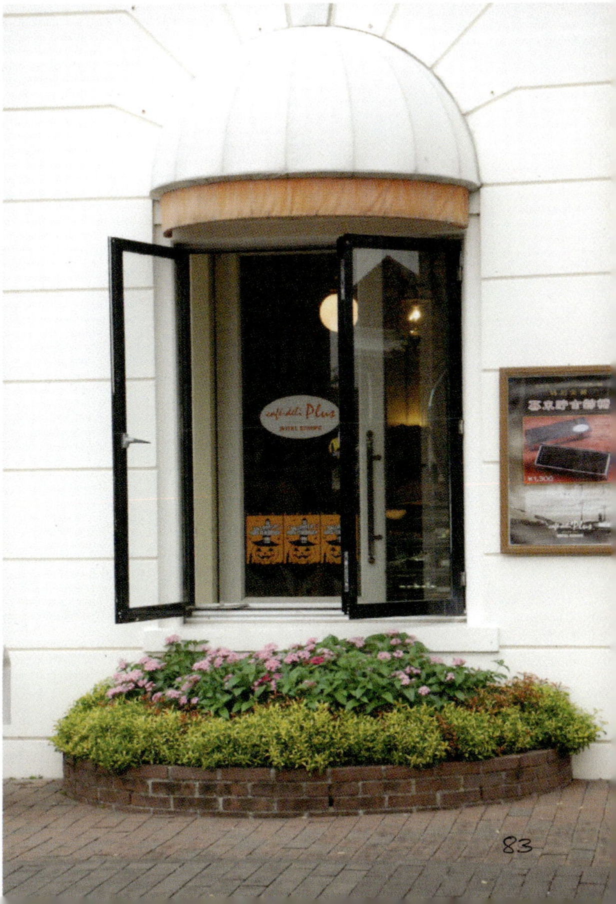

인공환경물의 녹화는 도시의 주요 경관 요소가 되고 있다. 보다 자연과 공생할 수 있는 환경을 조성하기 위해서 다양한 녹화 방법 및 기술의 개발이 필요하다.

옥상정원은 개인건물의 옥상이든 공공건물의 옥상이든 지층을 떠난 인공지반에 설치되는
정원이다. 이것은 도시속의 오픈스페이스의 확보문제와 관련하여 과밀한 도시환경의
개선을 위한 새로운 유형의 도시 녹지로서의 효과적인 방법이다. 옥상에 조성된 녹지공간은
도시경관의 향상뿐 아니라 도시의 한정된 지상면에서 미처 수용하지 못한 도시의 기능들을
공간의 수직적 이용이라는 차원에서 수용할 수 있는 매우 효과적인 도심 녹화방법이다.

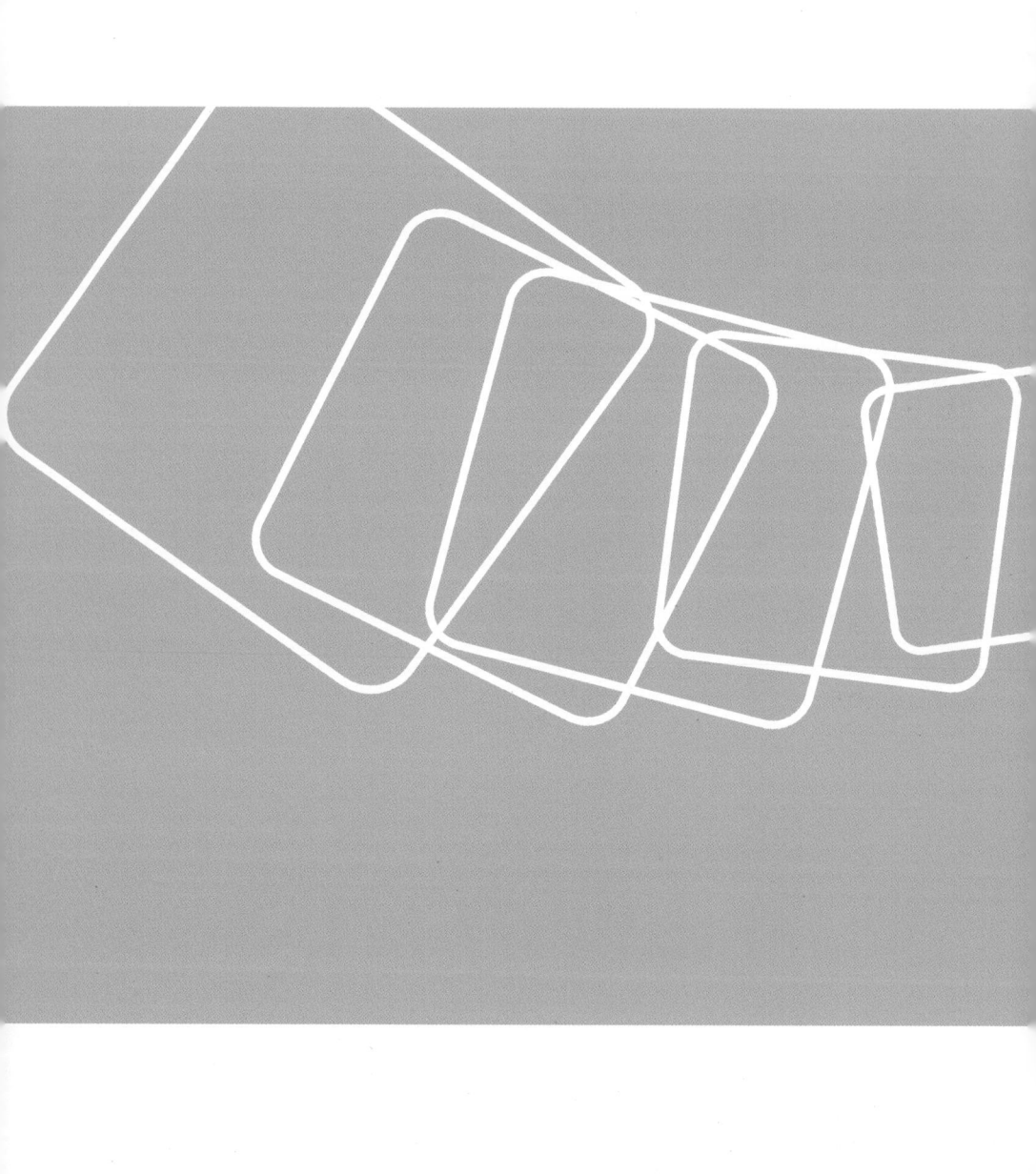

PART 5.

꽃이 있는 아름다운 공간

_ 향기로 다가오는 도시

꽃은 공간 연출의 소재적인
측면에서 볼 때 미적으로 유용한
재료일 뿐 아니라 인간의
정신과 육체를 휴식시키고
인간성 회복에 도움을 준다.
최근 이러한 의미에서
화훼식물은 생태적, 자연 재현적
표현양식으로 공간연출에 있어
그린(green), 에코(eco) 등의
개념으로 다양한 공간에서
연출재료로 이용되고 있다.
상업공간은 이용자들이 특별한

목적을 갖고 찾아오기 때문에 그 공간의 분위기와 이용자 요구 사항을 고려하여 구매
욕구를 증진시켜야 한다. 상업공간에서 식물은 계절감, 화제성, 행사성 등 시기에
적합한 연출을 통하여 제품 및 기업 이미지를 표현한다. 특히 상업관련 공간은 계절별,
이벤트별로 매장이나 공간이 수시로 변화하기 때문에 수명기간이 짧은 화훼식물들은
공간의 변화에 따라 유동적으로 교체해서 연출할 수 있는 효율적인 소재이다.

요즘과 같이 '환경'과 '지속가능성'에 관심이 많은 시기에 제품이나 기업 이미지에 환경을 생각하는 이미지를 심어주기 위해서 공간에 식물을 도입하는 연출 방법이 활성화 되고 있다.

상업공간에 연출된
식물은 식물의 색채나
향기 등을 통하여
이용객의 시각과 후각을
자극하여 자연에 대한
향수를 불러일으킨다.
상업공간에 있어
화훼식물 연출은 그
어떤 소재나 재료보다
직접적으로 계절을 알릴
수 있는 좋은 소재이다.
그 계절을 더욱
돋보이게 하는가 하면,
공간에 조형적으로
연출된 화훼식물은
고객의 발길을 공간으로
들어가게 하기도 한다.

식물을 활용한
디스플레이 연출은
매장의 진열된 상품의
이미지를 향상시키며,
생동감 있는 공간을
연출한다.

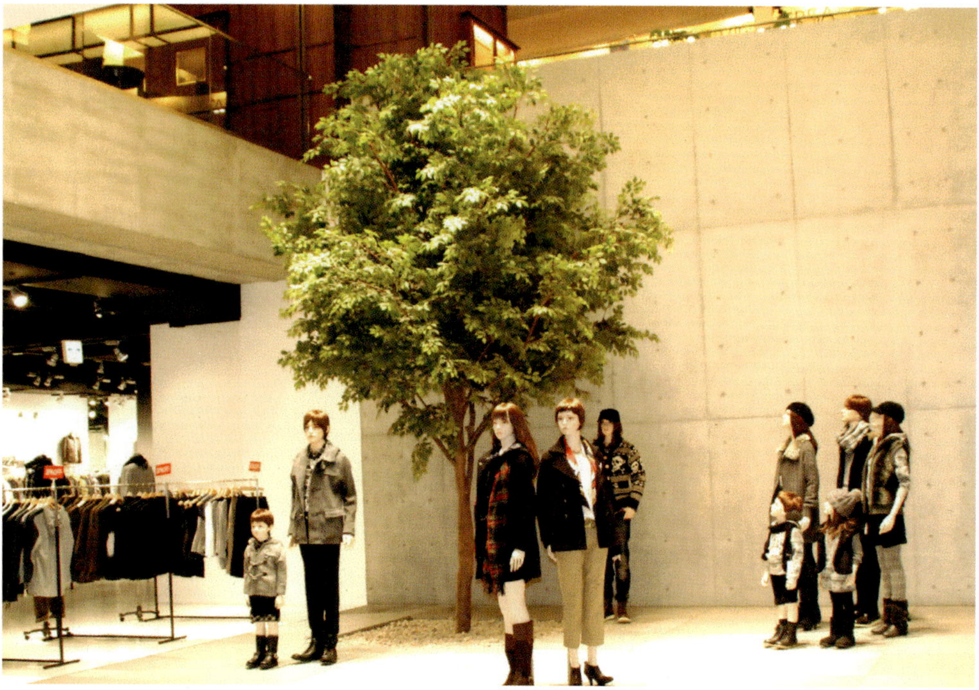

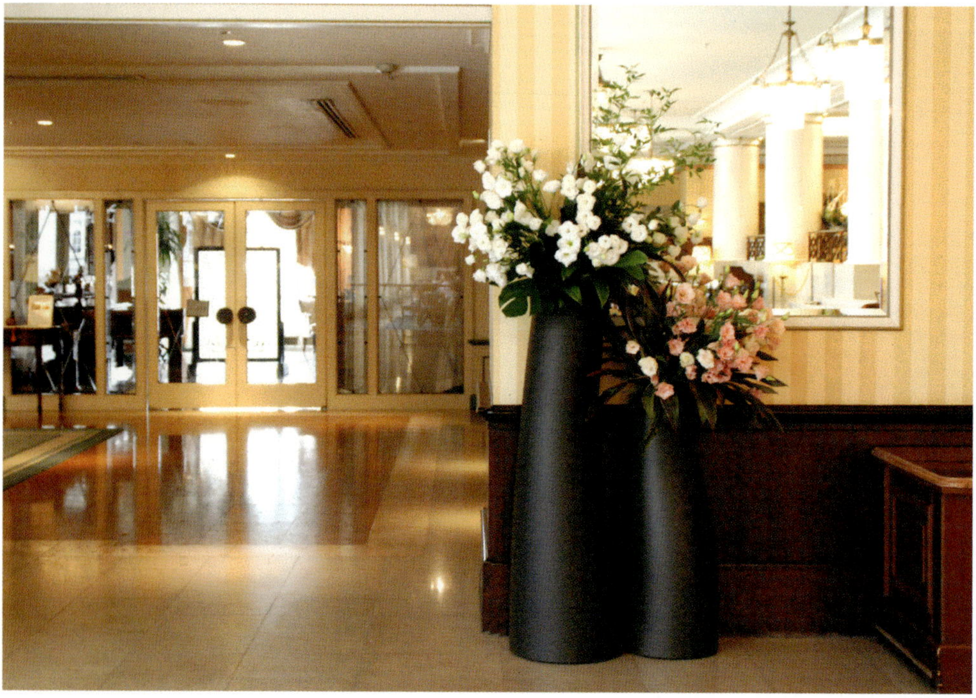

상업공간에 다양한
소재의 화기를
이용하여 식물을
연출하면 이동
및 교체가 매우
편리하다.

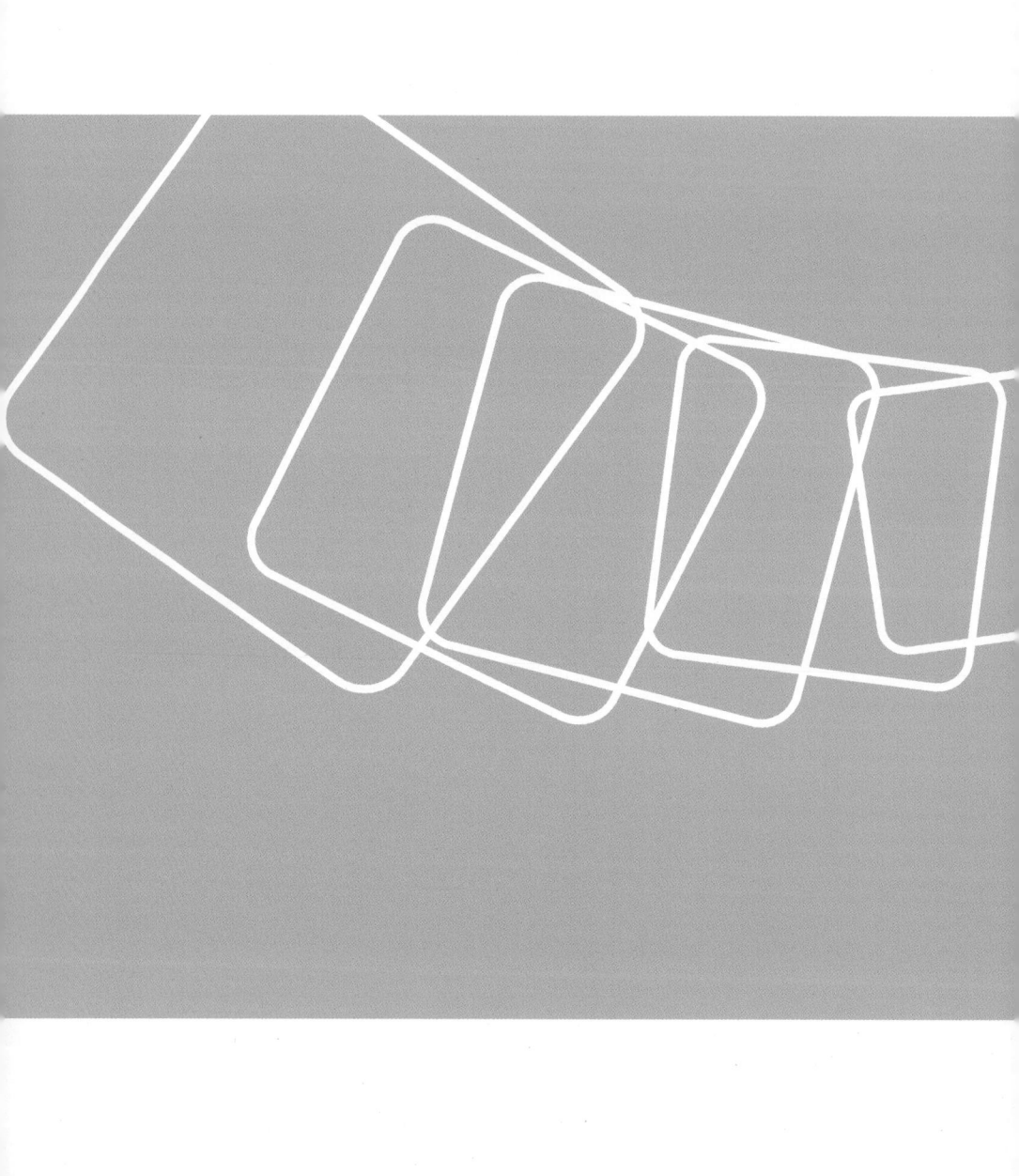

PART 6.
녹색으로 연출된 가로환경
_걷고 싶은 쾌적한 거리

움직인다는 것은 모든 행동의 기초이며, 움직임을 통한 이동은 도시생활의 기본이다. 걷는 공간, 다양한 교통 수단을 사용하면서 이동하는 공간이 잘 조성되면 모든 이들에게 도시는 항상 열려 있게 된다. 도시경관은 일반적으로 우리가 일상생활 속에서 볼 수 있는 풍경이나 도시의 모습을 의미한다. 도시를 구성하고 있는 옥외 공간, 건축물, 가로 등의 인공물과 나무, 물 등과 같은 자연물의 시각적인 영역이 도시경관의 주체이다. 또한 도시 속에 존재하는 여러 가지 상황과 활동, 이미지, 문화적 취향 등도 경관의 영역에 포함된다. 이러한 측면에서 가로는 단순히 길을 의미하는 것이 아니라 공간 속에서 사람들이 가로를 지나치는 도중 전개되는 환경을 즐기게 한다. 가로경관이 미학적 측면에서 도시경관에 기여하는 바는 매우 크다. 도시의 주요한 공공의 장소인 가로가 흥미 있게 보이면 도시는 흥미 있게 느껴지며 가로가 초라하면 도시 역시 초라하게 보이기 마련이다. 사람들이 가로 공간을 이동하는 중에 연속적인 도시경관을 경험하여 도시의 이미지를 형성하도록 하고 가로 주위 형태에 영향을 미쳐 사람들에게 도시 이미지를 형성하는 중요한 요소이다.

가로공간은 도로와 관계된 속성으로 인해 거의 대부분이 선적인 공간적 특성을 지닌다.이 선형성의 연결적 특성을 잘 이용한다면 녹화를 통한 생태적 연결이 가능하여 도시의 생태네트워크 형성에 도움을 줄 수 있다. 또한 이러한 선적인 가로공간의 녹화는 평면적으로 인식되는 선형 가로공간에 다양한 식재를 통한 입체적 구성으로 가로공간의 확대의 효과 뿐 아니라 다양한 가로경관의 효과를 발생시킨다.

도시 가로공간은 구조적 특성상 녹지공간의 확보가 제한적이다. 그러나, 다양한 녹화 방법 개발 및 지속적인 관리로 녹지공간 구성이 가능할 것이다. 또한 가로에 면한 석축 및 콘크리트 교각 녹화는 이동 시 보여지는 시각적 역할과 함께 도시 생태네트워크의 중요한 생태통로의 역할을 할 수 있다.

도시 외부공간의 중요한 공공의 장소인 가로가 재미있고 쾌적하게 연출되면 도시는 재미있고 쾌적한 도시로 인지되고, 가로가 재미없고 단조롭게 연출되면 그 도시는 역시 단조롭고 재미없게 느껴질 것이다. 특히, 주변 도시경관 및 건물과의 조화, 대지의 형태 등을 고려하여 조화롭게 연출된 식물은 쾌적한 도시 환경 조성에 큰 역할을 한다.

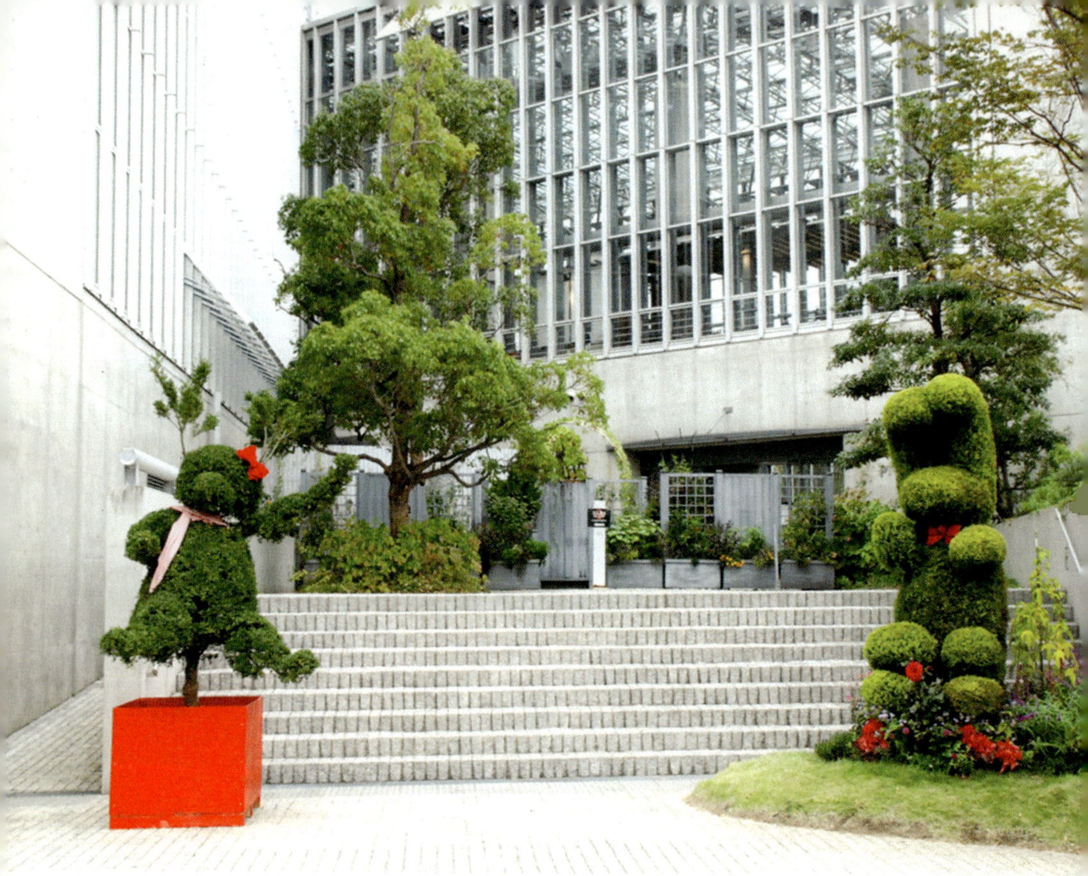

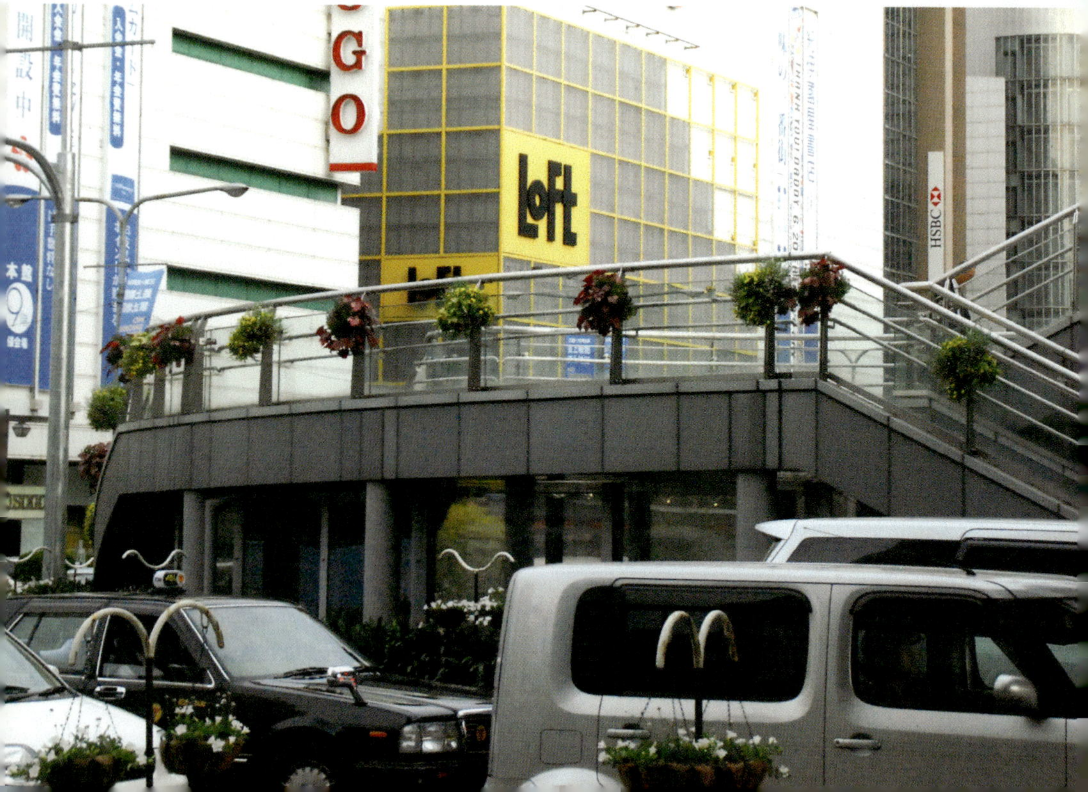
GO
LoFt
HSBC

화단은 식물을 식재할 수 있는 실용적인 공간과 미적 가치를 구현할 수 있는 아름다운 공간으로서의 기능뿐만 아니라, 도시 생활 속에서 녹화를 통한 심신을 휴식할 수 있는 공간으로 도시민들이 가장 자연을 느낄 수 있는 실용적, 상징적, 미적 기능을 가진 공간으로서 역할 수행한다. 화단은 다양한 수종의 식재를 통하여 도시민들에게 사계절의 변화를 가장 크게 느끼게 해 줄 수 있으며, 생동감을 가지고 있어 도시민의 심리적 안정감을 준다.

■ 윤성은

청강문화산업대학 에코스타일리스트전공 교수

이화여자대학교 장식미술과 환경디자인전공 학사
이화여자대학교 디자인학 석사
고려대학교 대학원 원예학과 화훼장식전공 박사과정 수료
프랑스, Ecole Francise de Decoration Forale, Diploma

『화훼디자인개론』(2007)
『화훼디자이너를 위한 색채학』(2008)
『화훼디자인의 이해』(2009)
『Eco-life』(2011)
『1000 new eco life style and where to find them』(2011)

E-mail : withyse@hanmail.net

도시공간에서
녹색을 읽다

초판인쇄   2011년 3월 18일
초판발행   2011년 3월 18일

글 · 사진   윤성은
펴낸이   채종준
기 획   권성용
편집디자인   김은정
표지디자인   장보련

펴낸곳   한국학술정보(주)
주 소   경기도 파주시 교하읍 문발리 파주출판문화정보산업단지 513-5
전 화   031)908-3181(대표)
팩 스   031)908-3189
홈페이지   http://ebook.kstudy.com
E-mail   출판사업부 publish@kstudy.com
등 록   제일산-115호(2000.6.19)

ISBN   978-89-268-2052-0 13630 (Paper Book)
           978-89-268-2053-7 18630 (e-Book)

이담 Books 는
한국학술정보(주)의 지식실용서 브랜드입니다.

이 책은 한국학술정보(주)와 저작자의 지적 재산으로서 무단 전재와 복제를 금합니다.
책에 대한 더 나은 생각, 끊임없는 고민, 독자를 생각하는 마음으로 보다 좋은 책을 만들어갑니다.